LEÇONS ÉLÉMENTAIRES

DES OMBRES,

PAR

M. D. M. DELAGARDETTE

ARCHITECTE.

A PARIS,

chez Dallenne, rue des Bons Enfans, N.º 27.

et chez A.ᵗᵉ Logerot, quai des Augustins, 55.

LEÇONS ÉLÉMENTAIRES

DES OMBRES

DANS L'ARCHITECTURE

FAISANT SUITE AUX RÈGLES DES CINQ ORDRES DE VIGNOLE,

OUVRAGE

INDIQUANT LES NOTIONS PRÉLIMINAIRES DES DIFFÉRENTS EFFETS DES PLANS ET DES ÉLÉVATIONS ;
UNE IDÉE DE LA PERSPECTIVE AÉRIENNE ;
LE TRACÉ DES OMBRES DANS L'ARCHITECTURE, PAR PRINCIPES GÉOMÉTRIQUES
ET SUIVANT LES RÈGLES ADOPTÉES PAR L'EXPÉRIENCE.

PAR

C.-M. DELAGARDETTE,

ARCHITECTE.

Nouvelle Édition

Revue et corrigée par **G. ALVAR-TOUSSAINT**, Architecte.

PARIS

P. DALLENNE,	A. LOGEROT,
éditeur,	éditeur de cartes géographiques,
RUE DES BONS-ENFANTS, 27.	QUAI DES GRANDS-AUGUSTINS, 55.

1851.

On trouve chez le même éditeur :

Le Traité élémentaire de la Coupe des Pierres, ou Art du Trait,
par SIMONIN, mis au jour par DELAGARDETTE.

PARIS. — IMPRIMERIE BONAVENTURE ET DUCESSOIS , 55, QUAI DES GRANDS-AUGUSTINS,
Près le Pont-Neuf.

LEÇONS ÉLÉMENTAIRES

DES OMBRES

DANS L'ARCHITECTURE,

FAISANT SUITE AUX RÈGLES

DES CINQ ORDRES DE VIGNOLE

PAR MR D.M. DELAGARDETTE,

Architecte

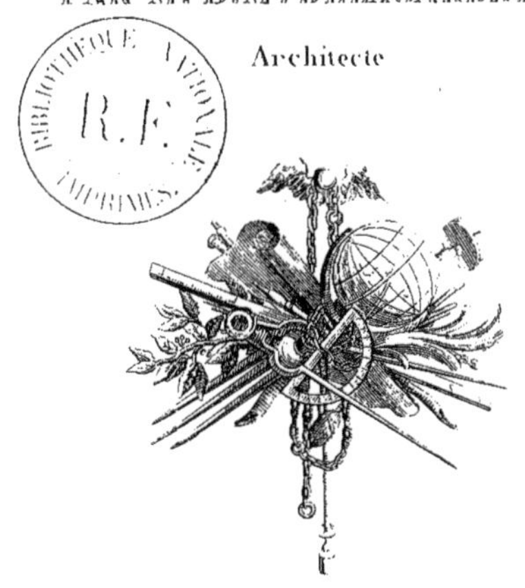

À Paris, chez Vallenne, rue des Bons Enfans, N.° 27.
et chez A^{te} Logerot, quai des Augustins, N° 55.

PRÉFACE.

En livrant au public ces leçons élémentaires des ombres dans l'architecture, nous avons pensé rendre quelque service aux élèves laborieux qui cherchent à opérer d'après des principes positifs, et non d'après des modèles, sans se rendre compte du motif d'une ombre.

Nous avons cherché à mettre de la clarté dans les démonstrations, de la précision dans les dessins, de l'exactitude dans les formes et les effets des ombres; enfin nous avons choisi les détails qui avaient les rapports les plus directs avec les différentes masses de l'architecture. Si nous avons atteint ce but d'une manière satisfaisante et utile au progrès de l'art, nous serons satisfait.

Nous avons eu la satisfaction, par les premières éditions épuisées, de voir que ce travail avait obtenu l'approbation des élèves et le suffrage de quelques artistes; du reste, ce sont ces derniers qui nous ont encouragé et déterminé à publier ces éléments des ombres, et nous avons l'espoir de rendre quelque service en en publiant une nouvelle édition.

LEÇONS ÉLÉMENTAIRES

DES OMBRES

DANS L'ARCHITECTURE.

CHAPITRE PREMIER.

Exposition des principes des Ombres.

L'expérience ayant prouvé que les dessins d'architecture produisaient un meilleur effet lorsqu'ils étaient éclairés sous l'angle de 45 degrés, on est généralement convenu d'en faire un principe pour les ombrer, c'est-à-dire de supposer que le rayon de lumière qui éclaire les objets est à 45 degrés sur le plan horizontal, et à 45 degrés sur le plan vertical. Malgré cette convention, si utile pour juger des saillies des corps et de leurs effets, il est possible que les ombres prises à d'autres positions de lumière ne nuisent pas à l'harmonie du dessin, mais elles sont contraires à l'usage généralement adopté : il vaut donc mieux, pour se rendre compte de l'effet d'un monument, se conformer à ce principe d'angles égaux tant pour le plan que pour l'élévation, que d'en faire un dessin séduisant dont les effets seraient tout à fait différents dans l'exécution. Un projet est l'original d'un objet qui doit être exécuté d'après lui : si l'effet qu'on y a donné n'est pas celui adopté par l'usage comme étant le meilleur principe, l'exécution ne rendra pas l'effet aussi vrai, puisqu'il ne rendra pas les saillies réelles.

Il est incontestable que la forme et la grandeur des ombres sont les seuls moyens de juger les véritables effets des élévations géométrales. Dans les élévations perspectives, on pourrait plutôt s'éloigner du principe adopté des ombres, parce qu'outre les hauteurs et les largeurs qui leur sont communes avec les élévations géométrales, elles ont de plus les plafonds et les parties fuyantes qui en font sentir les effets. Comment donc dans les élévations géométrales qui ne représentent que les hauteurs et les largeurs jugerait-on exactement la saillie d'un corps, si l'ombre est plus ou moins large qu'il ne faut relativement au principe? il est sûr que le corps nous paraîtra plus ou moins saillant qu'il ne l'est réellement. Ainsi, des ombres dépend la vérité de l'effet de l'élévation.

Il arrive cependant tous les jours qu'on se récrie contre ce principe des ombres; on l'accuse d'alourdir l'architecture. Si l'on faisait, disent quelques artistes, les ombres dans un projet telles qu'elles doivent être d'après les saillies, on le rendrait lourd dans ses masses. Mais on peut répondre à cette objection que ce ne sont point les ombres elles-mêmes qui appesantissent l'architecture, puisque ce sont les saillies et les corniches qui donnent la grandeur des ombres, mais bien la composition même de ses masses. Ainsi, quand un monument est lourd en exécution, ce n'est pas à cause de l'effet de ses ombres, mais bien parce qu'il est composé de manière à nous paraître lourd. Il est donc nécessaire d'étudier cette partie importante du dessin, surtout lorsque l'on fait des projets qui doivent être exécutés.

Les dessins d'architecture fourmillent de fautes dans les effets, parce que leurs auteurs n'ont pas observé que les parties dans l'ombre n'en doivent point porter elles-mêmes, que l'ombre des corniches ne doit point avoir le même profil que les corniches qui la portent; que le dessous d'un quart de rond, le dessous d'une baguette, le haut d'un congé, etc., étant privés de lumière, ne doivent pas faire porter d'ombre par ces parties de moulures déjà ombrées. Je dis, avec tous les architectes, que le jour venant à 45 degrés, l'ombre doit avoir de largeur la saillie du corps qui la cause. Cependant est-ce bien nous donner l'ombre des corniches Dorique, Ionique, Corinthienne, etc., que de faire paraître les denticules dans le clair et leur faire porter des ombres, tandis que réellement elles doivent être dans l'ombre portée par le larmier? Les jeunes Élèves, ne sachant pas qu'en dessinant ainsi l'on fait une faute contre la nature, copient ce qu'ils voient et s'habituent à dessiner eux-mêmes sur de faux principes. De même, lorsqu'on dessine la corniche de l'entablement Toscan (*voy.* planche 17), en ne mettant dans l'ombre que la partie inférieure de la baguette, la moitié du filet et une très-petite partie du larmier, on prétend la rendre plus légère, mais on ne rend pas l'effet de la nature, qui exige que l'ombre du gras ou panse du quart de rond couvre la baguette, le filet et une grande partie du larmier.

Dans un ouvrage où l'on démontre les ombres d'après la nature, l'on est bien éloigné de prendre ces licences ; il ne faut pas cependant les condamner irrévocablement : il en est quelques-unes dont on peut user avec modération, quand on fait un dessin qui ne sera point exécuté et qu'on veut plaire aux yeux seulement ; mais au moins faut-il connaître et savoir la véritable manière d'ombrer telle que nous l'indique la nature, et ne s'en écarter que le moins possible.

Des Reflets.

Les reflets ne sont autre chose que les effets de la lumière réfléchie ou renvoyée par les parties qui reçoivent le grand jour sur d'autres objets qui en sont privés : dans un monument quelconque, les parties ombrées ne participent à la lumière que par les reflets que leur renvoie la terre ou la surface éclairée des corps environnants. Les reflets deviennent donc la seule lumière ou le vrai jour des parties qui sont dans l'ombre. Ces mêmes parties, qui ne sont éclairées que par les reflets de la terre, le sont beaucoup moins que la terre elle-même, et cependant elles le sont plus que celles qui ne reçoivent aucun reflet : d'où il suit que la lumière diminue sur les parties reflétées en proportion du nombre de réflexions qui la donnent. Il est facile d'en conclure que l'on ne peut apercevoir aucune moulure dans les parties entièrement privées de reflet. Aussi dans un dessin doit-on teinter de noir tous les objets que l'on suppose ne point recevoir de lumière, ou qui n'en reçoivent que par le résultat d'un nombre infini de réflexions : telles sont les baies des portes, des croisées et le fond des ornements.

Des Plans.

Pour entendre les plans des monuments d'architecture comme nous les sentons et comme nous les représentons dans cet ouvrage, il faut supposer un monument coupé horizontalement à certaine hauteur, la partie supérieure enlevée, et chaque détail de la partie inférieure vue perpendiculairement en dessus : c'est cette partie inférieure ainsi considérée que nous appellerons *Plan de la partie inférieure*. Pour avoir le plan de la partie supérieure, l'on suppose qu'après l'avoir séparée de l'inférieure on la renverse sur un plan horizontal ou sur la terre, et qu'alors on s'élève au-dessus pour la voir perpendiculairement : c'est cette partie supérieure ainsi renversée que nous appellerons *Plan de la partie supérieure*.

OBSERVATIONS ET PRINCIPES DES EFFETS DONNÉS AUX GRAVURES
DE CET OUVRAGE.

Dans la planche deuxième, à l'élévation de l'avant-corps, le quart de rond est reflété en dessous par la surface de la terre : il en est de même du dessous de la baguette et du haut du congé du larmier. Dans le plan, le quart de rond et la baguette sont reflétés par le haut, et le congé ne l'est que dans la partie qui approche le plus de la position perpendiculaire. En voici les causes et les règles principales :

1° Dans les plans, les objets ombrés sont toujours reflétés sur les parties qui approchent le plus de la position perpendiculaire ; et dans les élévations, ils le sont sur les parties qui approchent le plus de la position horizontale.

2° Les parties éclairées par le soleil doivent porter leurs ombres sur d'autres également éclairées par le soleil.

3° Les objets dans l'ombre qui reçoivent des reflets ne peuvent point porter d'ombre ; ils peuvent seulement augmenter la force comme teinte dans les parties déjà ombrées qui les avoisinent, en les privant de reflets : il faut appliquer ces principes à toutes sortes de dessins d'architecture.

De la Perspective aérienne,

Dans tous les dessins d'Architecture, soit de monuments, soit de détails, les ombres des corps qui sont en avant doivent être plus fortes ou plus teintées que celles des corps qui sont plus éloignés : il y a cependant quelques exceptions à faire pour les reflets.

Il est facile de sentir que plus les objets sont éloignés, plus il y a d'air entre eux et ceux qui les observent : or l'air, toujours chargé de vapeurs plus ou moins épaisses, affaiblit considérablement la vivacité des ombres. Qu'on se place auprès d'un bâtiment et qu'on en compare les effets avec ceux d'un autre bâtiment éloigné, on verra que toutes les ombres du premier sont plus fortes, et que ses murs sont plus blancs ou ses teintes plates plus claires [1], tandis que les ombres du bâtiment plus éloigné sont beaucoup plus faibles et paraissent, ainsi que ces teintes plates, prendre un certain ton bleuâtre qui n'est autre chose que l'effet des vapeurs plus épaisses en raison de l'éloignement et de la masse d'air qui les sépare. C'est cette dégradation des effets, proportionnée à la distance, qu'on nomme perspective aérienne, et dont on suit les principes dans les effets des élévations géométrales.

---

[1] En architecture, on appelle teinte plate celle qui est d'égale force dans toute sa surface.

CHAPITRE SECOND.

PRINCIPE DU TRACÉ GÉOMÉTRIQUE DES OMBRES.

Démonstration de la manière dont le soleil frappe les objets sous l'angle de quarante-cinq degrés.

Planche I. Figure I.

Supposant, avec tous les architectes, que le rayon de lumière vient à 45 degrés, je dis que, s'il frappe un cube, il est précisément parallèle à la diagonale de ce cube ou à la ligne AD ; ce que je prouve ainsi : le rayon de la lumière tombe à 45 degrés sur le plan horizontal et à 45 degrés sur le plan vertical, c'est-à-dire qu'il se trouve dans le plan de la diagonale AB, ligne à 45 degrés du plan horizontal, et qu'il se trouve également dans le plan de la diagonale AC, ligne aussi à 45 degrés du plan vertical; donc puisqu'il est tout à la fois dans l'un et dans l'autre plan, sa véritable direction est dans l'intersection des deux plans, laquelle se trouve être précisément la diagonale du cube ou la ligne AD. Afin de vous en convaincre, prenez un cube, faites le plan ABED à 45 degrés du plan vertical, en coupant ce cube verticalement sur AB ou ED par une ligne à 45 degrés du plan horizontal, il vous restera le prisme AFBDEG, comme en la figure 2. Faites ensuite le plan AFDC à 45 degrés du plan vertical, en coupant le prisme sur la diagonale AC ou FD par une ligne à 45 degrés du plan vertical, il vous restera, comme en la figure 3, la pyramide AFGED ; l'arête AD, ou diagonale du cube, est l'intersection du plan ABDE avec le plan AFDC; donc les deux plans se rencontrent précisément sur la ligne AD, diagonale du cube; enfin le rayon de lumière, qui est à la fois dans les deux plans, est direct à cette même diagonale AD.

Il suit de là que toutes les moulures qui couronnent un cube ou tel autre rectangle que ce soit portent précisément l'angle de leurs ombres sur l'angle du cube ou du rectangle, parce que les angles des moulures et les angles du cube se trouvent dans la même ligne à 45 degrés du plan horizontal : et c'est pourquoi l'angle d'un larmier porte son ombre précisément sur l'angle de la frise.

Tracer sur un mur l'Ombre d'un avant-corps orné d'un quart de rond, d'une baguette et d'un filet.

Planche II.

Pour tracer l'ombre d'un avant-corps sur le mur suivant les principes ci-dessus démontrés, supposez à l'élévation un cube qui ait de profondeur la saillie du quart de rond, et figurez-le par un carré ABCD, et au plan par un autre carré ABCD : tirez dans ces deux carrés les diagonales AC ; le carré de l'élévation représentera le plan vertical du cube, et le carré du plan représentera le plan horizontal du même cube. De même la ligne AC de l'élévation représentera la diagonale sur laquelle est fait le plan à 45 degrés du plan vertical ; et la ligne AC du plan représentera la diagonale sur laquelle est fait le plan, à 45 degrés du plan horizontal. Ces deux lignes AC, en géométral, comme est supposé le cube, sont l'image de la diagonale de ce même cube. Il est facile de sentir, d'après cela, que la ligne AC de l'élévation représente précisément la diagonale AD du cube, figure 3 de la planche précédente, parce qu'elle part de l'angle A, en avant du quart de rond, et se termine au point C, qui tient la place de l'angle D du cube de la précédente planche. D'où il suit que toutes les lignes qui seront parallèles à la ligne AC de l'élévation sont toutes les images des lignes parallèles à la diagonale d'un cube. Les faces d'un cube étant égales, il suit que le plan vertical est égal au plan horizontal.

Il résulte de là que l'ombre d'un point quelconque doit descendre verticalement autant au-dessous de ce point, et s'en éloigner horizontalement autant sur sa droite que ce point est éloigné du corps qui reçoit l'ombre, de même qu'en cette planche 2 les distances **AD** et **DC** de l'élévation sont égales à la distance **DA** du plan : par cette raison, l'ombre d'un corps doit être aussi large verticalement et horizontalement que le corps est saillant verticalement et horizontalement; enfin l'ombre est aussi large que la saillie du corps qui en est la cause.

D'après les principes que nous venons d'établir, on peut conclure que, pour avoir l'ombre d'un point, il faut, tant au plan qu'à l'élévation, tirer de ce point une ligne à 45 degrés qui représente la diagonale d'un cube; ainsi dans cette figure, planche 2, pour avoir l'ombre des points **U, A, G, M, O,** etc., il faut de chacun de ces points tirer une ligne à 45 degrés, qui représente la diagonale d'un cube, et au plan des points correspondants **A, m, o,** il faut également tirer d'autres lignes à 45 degrés qui représentent aussi la diagonale d'un cube : à la rencontre de ces derniers avec le mur, il faut élever des perpendiculaires; l'ombre cherchée de chacun des points de l'élévation se trouvera aux points où ces perpendiculaires couperont les obliques correspondantes à celles du plan.

Nous allons nous servir de ces principes pour tracer l'ombre de cette figure : commençons par l'ombre d'un quart de rond sur l'avant-corps.

Tirez la tangente **EF** parallèle à **AC**; elle touchera le quart de rond au point **H**, duquel vous tirerez l'horizontale **HI**, qui sépare la partie éclairée du quart de rond de la partie ombrée : la ligne **EF** touche le mur de l'avant-corps au point **F**, le point **H** porte son ombre sur l'angle du même mur à ce même point. Du point **F** tirez l'horizontale **FG**, et vous aurez l'ombre de la partie **HX** de la panse du quart de rond sur le mur de l'avant-corps. Le point **G** est l'ombre d'un point **X** sur la ligne **HI** : on s'en assurera en tirant la ligne à 45 degrés **LG**, et en la prolongeant en **X**; l'autre partie du quart de rond **XI** portera son ombre en **LK**. On voit par cette opération que, la baguette, le filet et une partie du mur de l'avant-corps sont dans l'ombre, et qu'ainsi ces parties privées de lumière ne doivent pas elles-mêmes porter des ombres.

Pour tracer l'ombre de l'avant-corps sur le mur, les lignes **A C** à 45 degrés, sur le plan et sur l'élévation, étant faites, tirez à l'élévation les lignes **IK**, **GL, MN, OP,** et au plan, tirez des points correspondants les lignes m, R, o, p parallèles à AC. Les lignes o p, mR et AC du plan rencontrent le mur aux points p, R et C. Du point p élevez la perpendiculaire pP, elle coupe l'oblique OP au point P, qui est l'ombre du point O : du point R, élevez la perpendiculaire RNL, elle rencontrera les obliques MN et GL aux points N et L : du point N tirez l'horizontale NP pour l'ombre de MO, N sera l'ombre du point M, comme P est l'ombre du point O : du point L tirez l'horizontale LK pour l'ombre XI, seconde partie du quart de rond ; pour l'ombre de AI, partie du profil du quart de rond, faites la courbe CK : tirez la ligne UV pour l'ombre de mY, et vous aurez l'ombre de l'avant-corps 1 sur le mur 2.

Ombre d'un congé couronné d'un listel, d'un talon ou d'une doucine.

Planches III et IV.

Il est simple de tracer l'ombre de ces trois figures en suivant les principes démontrés ci-dessus.

Pour la figure 1, planche 3, il faut tirer à l'élévation les lignes à 45 degrés AB, CD, EF, GH, IK, LM, NO, et au plan les lignes VX, AB, CD, et des points XBD du plan élever les perpendiculaires XM, BK, HB et DFD ; du point K tirez l'horizontale KM, pour l'ombre de IL : du point H tirez l'autre horizontale HF, pour l'ombre de PE : la partie PN porte son ombre sur l'avant-corps en GO : l'ombre de AQ du plan se trouve en AB à l'élévation ; DF est l'ombre de CE ; HK est l'ombre de GI : BR est l'ombre de AS ; le reste ST est porté sur le dessus du listel, et l'ombre de UV du plan est portée en LM : on voit que le congé ne doit pas porter d'ombre, puisque la ligne NO à 45 degrés le couvre tout entier, et que c'est la partie PE du listel qui porte son ombre en HF, et non pas le congé.

Il est inutile de démontrer les ombres des figures 2, 3 et celles de la planche 4, parce que ce serait répéter les mêmes démonstrations : il est seulement utile de remarquer qu'il n'y a que la partie AB du talon qui, étant la seule frappée du jour, porte son ombre sur le mur en ME : que la partie droite LM est l'ombre de IK : le reste KD de l'ombre de la ligne DI au-dessous du listel porte son ombre en AC. EH est l'ombre de BF, le reste FO la porte en TP, et HQU est l'ombre de TRS. Cette démonstration prouve qu'il n'y a que les parties éclairées par le soleil qui puissent porter leurs ombres sur d'autres parties également éclairées par le soleil, comme il est déjà dit ci-dessus. D'après ce principe, on voit que le point D porte son ombre sur le point C, et le point O sur le point P. Ce sont ces principes qu'il faut suivre exactement pour tracer l'ombre de la cymaise dans la planche précédente.

On trouvera dans l'explication de la planche 7 la raison des formes données aux ombres dans les plans.

Du Ressaut des Ombres en général.

Planche V.

Ombres du mur *F* sur les retraites *ABCD*, et des mêmes retraites sur un autre mur *G*.

FIGURE I.

Il est bon de se souvenir de ce que nous avons dit précédemment, que les ombres se portent d'autant plus loin que les parties qui les reçoivent sont plus éloignées que celles qui les causent : ainsi l'ombre du mur F sur la retraite A est plus large que l'ombre du même mur sur la retraite D ; le point H du plan de cette retraite étant plus loin du point I, angle du mur qui cause l'ombre, que le point L de la retraite D.

Pour tracer les ombres de cette figure et de la suivante, il suffit de tirer les obliques à 45 degrés au plan et à l'élévation, et d'élever les perpendiculaires comme à toutes les autres figures.

La figure 2 donne la manière de tracer l'ombre d'une colonne sur un mur orné de croisées, de portes ou de corniches ; on suivra les principes donnés précédemment.

Des Ombres des Entablements qui passent devant des Corps cylindriques.

Planche VI.

Nous avons établi par principe, aux démonstrations précédentes, que les ombres descendent d'autant plus bas que les corps qui les reçoivent sont éloignés de ceux qui les causent; ce principe seul suffit pour rendre raison de l'effet des courbes que tracent ces ombres.

Il faut, de même qu'aux précédentes figures, tirer les obliques à 45 degrés, élever les perpendiculaires et faire passer les courbes qui doivent enfermer les ombres par les points où les perpendiculaires coupent les obliques de l'élévation.

Les colonnes ne sont figurées que par les simples pieds droits AA, et les entablements par les plates-bandes C C, que pour rendre la démonstration plus aisée à concevoir.

Il est inutile de faire la démonstration de cette planche; l'on comprendra que c'est toujours le même principe, c'est-à-dire les rapports des diagonales du plan avec celle de l'élévation.

Ombres des Niches carrées, circulaires, et des Voûtes en berceau.

Planche VII.

La figure 1 donne les principes pour ombrer les niches carrées, et généralement les intérieurs rectangles.

Après avoir tiré les obliques AB au plan et à l'élévation, du point B du plan élevez la perpendiculaire BCB; BC sera l'ombre de AF; la partie FE de l'élévation porte son ombre sur la terre de B en A du plan, AB de l'élévation sera l'ombre de GA du plan.

Pour la figure 2 faites la même chose; mais observez que l'ombre ne doit pas partir du point A, mais du point D, comme il va être démontré. On a vu précédemment que le jour vient à 45 degrés sur le plan horizontal: cela étant, le rayon de lumière est direct à la tangente IDH parallèle à la ligne

à 45 degrés AB, la tangente IDH touche le cercle de l'intérieur de la niche
au point **D**, et puisqu'elle représente le rayon de lumière, il est visible
que l'intérieur de la niche ne commence à recevoir la lumière qu'au point
D; donc la partie **AD** est privée de lumière, et la partie de **DBO** est éclairée;
le jour commence au point **D** et non pas du point **A**, comme on le dessine
souvent. On trouvera le point **D** à l'élévation, en élevant la perpendiculaire
DD, et on tracera la courbe **DB** pour l'ombre de **DA**.

La figure 3 démontre les ombres des voûtes en berceau : il faut procéder
ici de même que dans la figure 2 précédente; mais avec cette différence
qu'on a opéré sur le plan horizontal, et qu'on va opérer ici sur le plan
vertical.

La ligne **IDH** tangente au cercle de la voute est parallèle à la ligne **AB** à
45 degrés du plan vertical; ainsi le jour est direct à la tangente; donc la
partie **AD** est privée de lumière, et toute la partie **DBO** est éclairée. Cette
ombre se trace, comme celle de la figure précédente, en tirant les obliques
à 45 degrés **AB**, et les horizontales **DD**, **BB**, et en traçant la courbe **DB**,
pour l'ombre **DA**.

Principes des Ombres des Niches et des Voûtes sphériques applicables aux coupes des Dômes en général.

Planche VIII.

Pour tracer l'ombre de cette voûte sphérique, tirez par son centre une
horizontale **AX**; divisez la courbe **A, B, C, D, E, F, G, Y, X**, en huit parties
égales (on peut augmenter à volonté cette division), ce qui, en les descen-
dant perpendiculairement sur la ligne **AX** du plan, vous donne les points
B, C, D, E, F, G, dont il s'agit de trouver l'ombre. Tirez ensuite au plan et
à l'élévation les obliques **AH, BI, CL, DM, EN, FO**, élevez d'abord les perpendiculaires **HH, II, LL**, et vous aurez à l'élévation les points **H, I, L**, pour
l'ombre des points **A, B, C** : les points **H, I, L** sont les vrais points de
l'ombre, parce qu'ils se trouvent au-dessous de la naissance de la voûte. Il
n'en est pas de même des points **S, T, U**, qui se trouvent sur la partie sphérique, parce que la voûte se rapproche à mesure qu'elle s'élève. Il faut
commencer par les trouver dans le plan sur la courbe **G, U, T, S, L, I, H,**

de l'ombre ; on a déjà les points H, I, L : voici comment il faut opérer pour trouver les autres points.

Pour avoir l'ombre du point F en U, élevez du point O du plan la perpendiculaire OO ; le point O de l'élévation serait le vrai point de l'ombre du point F, si la voûte ne s'avançait pas en s'élevant. Il faut donc raccourcir l'oblique FO dans la proprition de la retombée de la voûte. Du point O de l'élévation tirez l'horizontale OI, de 1, tirez la verticale 1, 2, vous aurez l'horizontale X 2, qui est la retombée de la voûte à la hauteur du point O. En opérant comme il suit, vous aurez la longueur de l'oblique FU. Descendez cette retombée 2 X au plan de X en 2, du centre E faites un arc de cercle 2, 4, qui coupe l'oblique FO en un point U, élevez la perpendiculaire UU, elle coupera à l'élévation l'oblique FO en un point U, qui est le point demandé pour l'ombre du point F. On opérera de même pour l'ombre du point E.

Du point N du plan, élevez la verticale NN, elle coupera à l'élévation l'oblique E N en un point N ; de ce point N faites l'horizontale N 4, de 4 la verticale 4, 5, vous aurez la retombée 5 X de la voûte, à la hauteur du point N. Portez au plan cette retombée de X en 5, faites l'arc 5 T, de T élevez la perpendiculaire TT, elle coupera à l'élévation l'oblique E N en T. Le point T est l'ombre du point E, ce qu'il fallait démontrer.

C'est encore la même opération pour avoir en S l'ombre du point D.

On a vu dans les figures précédentes que le point A portait son ombre en B ; donc ici le point A porte son ombre en H, le point B en I, le point C en L, etc., et c'est par les points H, I, L, S, T, U, que doit passer la courbe décrite par l'ombre. L'on fait commencer l'ombre au point G , par la raison que le rayon de lumière est direct à la tangente QGR ; d'après les deux figures précédentes, on doit voir que dans celle-ci la partie GFE, etc., est privée de lumière ; et que celle GYX est éclairée. C'est au point G d'attouchement de la tangente que se trouve l'extrémité de la partie éclairée ; par cette raison l'ombre y commence pour se continuer en U, T, S, etc.

Par cet exemple, il est facile de comprendre que plus la division de la courbe en élévation sera compliquée, plus le tracé de l'ombre sera exact, puisqu'il faudra qu'il passe par plus de points donnés.

Ombres des Corniches des Pans coupés.

Planche IX.

Par cet exemple, plan et élévation d'un pan coupé couronné d'une moulure ou d'une table, l'on se rendra facilement compte de l'erreur dans laquelle on tombe trop souvent, dans la projection de l'ombre d'un couronnement saillant sur le nu, quand on fait supporter à la corniche d'un pan coupé une ombre droite sans ressaut, tel que serait la ligne AC dans la figure ; elle donne aussi le principe fondamental de la manière de faire porter l'ombre des tailloirs sur les colonnes.

On sait par les précédents exemples que pour avoir l'ombre de la ligne EF de la corniche, il faut tirer une ligne à 45 degrés DA et prolonger l'horizontale A 5, B C : B C sera une partie de l'ombre de E F ; ou simplement il faut prendre la saillie de la corniche et la porter au-dessous ; mais pour avoir l'ombre de la ligne DE qui se trouve en partie sur le pan coupé et en partie sur les deux faces perpendiculaires, il suffit de se souvenir que le rayon de lumière est direct à la diagonale d'un cube, et qu'il est par conséquent dans la ligne à 45 degrés du plan vertical, et dans la ligne à 45 degrés du plan horizontal ; ce qui se trouve vrai dans cette figure. Plaçons un cube sur le milieu du pan coupé, comme l'indique le plan ; il est représenté à l'élévation par le carré 1, 2, 3, 4, dont la diagonale 2, 4 représente la diagonale d'un cube ; il est constant que le point 4 est l'extrémité de l'ombre : donc l'ombre de la ligne DE doit passer par le point 4, et non par le point 5, comme on le fait quelquefois. Car la ligne 2 5 ne serait plus la ligne à 45 degrés du plan vertical d'un cube, puisque ce plan vertical deviendrait un parallélogramme, au lieu du carré 1, 2, 3, 4 : d'où il suit que l'ombre portée doit être beaucoup moins large sur le pan coupé que sur les faces. Ceci peut encore se prouver par l'expérience et par le raisonnement, en disant que la largeur des ombres dépend de la direction du rayon de lumière sur les corps qui le reçoivent : ainsi quand le corps qui reçoit l'ombre est perpendiculaire au rayon de lumière, l'ombre

est beaucoup moins large que si le corps était oblique à ce même rayon de
lumière ; et dans cet exemple le rayon de lumière est perpendiculaire au
pan coupé et oblique aux deux faces ; ainsi l'ombre sur le pan coupé doit
être plus étroite que sur les deux faces. C'est par l'application de ce principe
que l'on sent pourquoi l'ombre d'une colonne est quelquefois plus large que
la colonne elle-même.

Le principe pour tracer l'ombre de cette corniche servira également pour
tracer l'ombre des tailloirs sur les colonnes ; cette dernière manière d'ombrer ayant un grand rapport à la première, on en fera facilement l'application.

Prenez le milieu du pan coupé, élevez les perpendiculaires 1, 2, 3, 4, tirez
à l'élévation les obliques DA, 2, 4, EB, et au plan les obliques DH, 1, 3,
EM ; du point M élevez la perpendiculaire MB : les points où les perpendiculaires rencontreront les obliques de l'élévation seront ceux par lesquels
passeront les horizontales 1, 4, 6, BC, qui terminent l'ombre. Tirez enfin la
ligne 6 B pour l'ombre rallongée de la partie 7 E, qui ne porte pas sur le
pan coupé.

Ombres des Moulures et des tailloirs des Chapiteaux sur les fûts de Colonnes, fig. 1 et 2.

Planche X.

La figure première donne l'ombre des moulures circulaires sur les colonnes, et la figure deuxième l'ombre des tailloirs. La même démonstration
sert aux deux figures.

On veut trouver l'ombre des points A A A A sur les colonnes. Il faut pour
cela les descendre aux plans en A A A A et tirer les obliques A R aux plans
et aux élévations : par les points B B B B des plans, élevez les perpendiculaires BBBB ; les points B des élévations sont ceux par lesquels il faut
faire passer la courbe qui termine l'ombre : on comprend que plus on mul-
tipliera les points A, plus l'ombre en élévation sera exacte, puisqu'elle passera
par plus de points donnés.

Ombre d'un tailloir d'une colonne isolée

Figure III.

Pour placer l'ombre d'un tailloir sur un mur dont il est isolé, il faut tirer les obliques à 45 degrés, puis élever les perpendiculaires, et par les points d'intersection **B** tirer les horizontales BA, et vous aurez l'ombre d'un tailloir qui serait au chapiteau d'une colonne isolée.

Principes pour les Bases et les Chapiteaux de Colonnes.

Planches XI, XII, XIII, XIV.

La planche XI pose les principes des ombres portées par les moulures des chapiteaux. Il faut y faire la plus grande attention parce qu'ils servent de démonstration pour toutes les ombres des moulures et des corps circulaires.

Pour trouver l'ombre d'une portion de colonne que nous représentons par le tambour Z, il faut d'abord, autour du plan Z, circonscrire un carré, et procéder comme on a fait dans les figures précédentes pour avoir l'ombre du tailloir isolé. Cela fait, tirez dans le plan les deux diamètres PP, et pour avoir sur le cercle les points CC, tirez la diagonale O C C O. Tirez à l'élévation, dans les deux parallélogrammes, les diagonales E H L F, e h l f; puis au plan les obliques AD, PPD, CD : des points D élevez les perpendiculaires D h H, D i I, g G, D 4, 3, 5, 2, D k K m M, D I L : vous aurez déjà, par ces moyens, les points L M G H I K, l m g h i k, qui sont la majeure partie des points de l'ombre des arêtes du tambour. Puis, pour trouver les autres points 2 et 3 de l'ombre de l'arête supérieure sur la perpendiculaire D 4, 3, 5, 2, tirez les horizontales H 2, L 3, et par les points L M 2 G H I 3 K tracez la courbe de l'ombre de l'arête supérieure. Il faut opérer de la même manière pour avoir les points 4 et 5 de la courbe de l'arête inférieure ; ainsi tirez les horizontales h 5, l 4, et vous aurez les points que

vous cherchez ; enfin, par les points l m 5 g h i 4 k tracez la courbe de
l'ombre de l'arête inférieure. Donc l'ombre totale du tambour Z sera ren-
fermée par les courbes L M 2 G H, l k 4 i h, et par les deux lignes droites
H h, L l.

Si, comme à la planche douzième, le tambour ou la portion de colonne
était arrondie sur les arêtes, comme l'est un tore, il faudrait opérer comme
il suit pour en avoir l'ombre.

D'abord, il faudrait faire l'opération précédente par laquelle on a trouvé
les carrés des parties supérieures et inférieures du tambour ; faire le carré
A B C D du milieu de l'épaisseur ; y inscrire le cercle 10, 11, 12, 13, 14,
15, 16 ; ce cercle sera l'image de l'ombre de la ligne E F, milieu de l'épaisseur. Tirez ensuite les obliques 5, 6, 7, 8, tangentes au profil du tore, par
lesquelles vous aurez le point 6 sur la verticale 1, 13, 14, 6, et le point 8
sur la verticale 8, 11, 16, 2, la diagonale A 9, 10, c, vous donnera les
points 9 et 10. Il nous reste à trouver les points 1 et 2. Du point 3 tirez
l'horizontale 3, 1, vous aurez le point 1 sur la verticale 6, 14, 13, 1 ; prolongez
la tengente 5, 6 jusqu'en 3 ; tirez l'horizontale 3, 2, et vous aurez le point 2
sur la verticale 8, 11, 16, 2, et ainsi tous les points par lesquels passera la
courbe 1, 8, 10, 2, 6, 9, de l'ombre d'un tore.

On doit sentir que si l'on voulait avoir l'ombre d'un quart de rond, qui
n'est autre chose que la partie inférieure d'un tore, il faudrait prendre la
moitié 9, 6, 2, 10 de la courbe de l'ombre d'un tore, pour le devant d'un
quart de rond, et prendre aussi la moitié 10, 11, 12, 13, 9, de la courbe du
milieu de l'épaisseur, pour le derrière de ce même quart de rond ; ce qui
suffit pour savoir comment on s'y prendrait pour tracer l'ombre d'un tore,
d'un quart de rond, d'une baguette, et aussi pour tracer l'ombre des moulures des bases et des chapiteaux.

Nous pensons qu'il est inutile d'augmenter ces exemples par des démonstrations particulières pour les figures suivantes de cet ouvrage, ce serait
répéter sans cesse les mêmes choses : si l'on a bien compris celles que nous
avons données jusqu'ici, on en fera facilement l'application. Nous répéte-
rons seulement, à cause de l'importance du principe, que pour tracer
l'ombre d'une moulure d'un corps cylindrique sur un mur, il faut toujours

circonscrire un carré au cercle du plan de cette moulure, et procéder comme aux planches 11 et 12.

Les planches 13 et 14 sont les études des ombres des chapiteaux et des bases, dont les principes sont décrits ci-dessus.

Exemples d'Ombres d'une Colonne isolée et des Chapiteaux et Entablements des divers ordres d'architecture.

Planches XV *à* XXV.

Il suffirait peut-être des 14 premières planches et de leurs démonstrations pour qu'on fût en état de tracer les ombres des chapiteaux et des entablements des cinq Ordres d'architecture. Nous avons pensé cependant qu'il serait bon de les joindre à cet ouvrage pour les rendre plus utiles, et pour faciliter les jeunes élèves. Les planches 15, 16, 17, 18, 19, 20, 21, 22, 23, 24 et 25 représentent une colonne, les chapiteaux et les entablements isolés d'un mur sur lequel ils portent leurs ombres.

Nous les avons isolés afin de faire voir la forme de l'ombre des deux profils opposés. Il y a mainte circonstance où l'on peut en avoir besoin ainsi isolés, principalement des chapiteaux, lorsqu'on dessine un péristyle : dans ce cas, le chapiteau de l'angle gauche du péristyle porte sur le mur du fond une ombre exactement semblable à celle tracée dans ces planches.

Les entablements pourront aussi servir d'exemples pour tous les entablements dont on voudrait tracer les ombres. Nous avons pensé devoir nous renfermer dans les cinq Ordres d'architecture, mais l'on comprendra que ces principes sont applicables à toutes moulures de convention.

FIN.

TABLE.

TABLE

DES PLANCHES DU TRAITÉ DES OMBRES.

EXTRAIT

DU

CATALOGUE D'OUVRAGES DE FONDS

De **P. DALLENNE**, Éditeur d'Estampes,

Rue des Bons-Enfants, 27, et guichet du Carrousel, 4, à Paris.

TRAITÉ DES PREMIERS ÉLÉMENTS D'ARCHITECTURE ou *Règles des cinq ordres de* Vignole, à l'usage des ouvriers en bâtiment et de tous ceux qui se destinent à l'art de construire, par Demont ; composé de 24 pages de texte et de 50 planches gravées, 1 vol. in-4°.

RÈGLES DES CINQ ORDRES D'ARCHITECTURE de Vignole et *Leçons élémentaires des ombres dans l'architecture*, par Delagardette, architecte ; composées de 64 pages de texte et de 75 planches gravées ; 1 vol. in-4°.

L'on vend séparément :

LES RÈGLES DES CINQ ORDRES ; 40 pages de texte et 50 planches ; 1 vol. in-4°.

LES LEÇONS DES OMBRES ; 24 pages de texte et 25 planches : 1 vol. in-4°.

TRAITÉ DES CINQ ORDRES D'ARCHITECTURE d'André Palladio , mis en parallèle avec ceux de Vignole, par Alexandre Sobro, peintre et architecte ; composé de 57 planches, texte compris ; 1 vol. in-f°.

TRAITÉ DE LA COUPE DES PIERRES, par Ménard, professeur, et Mangin, architecte ; composé de 45 planches gravées au trait, et de 48 pages de texte en regard de chaque planche, indiquant la manière de tracer les figures ; 1 vol. in-f°.

TRAITÉ DE SERRURERIE, par Monnin, composé de 25 planches gravées et texte ; 1 vol. in-f°.

TRAITÉ DE CHARPENTE, par Monnin, composé de 25 planches gravées et texte ; 1 vol. in-f°.

TRAITÉ DE PERSPECTIVE à l'usage des artistes, par Alex. Sobro et Chomo , peintres et architectes ; composé de 84 planches gravées au trait, avec texte indiquant la manière de tracer chaque figure ; 1 vol. in-f°.

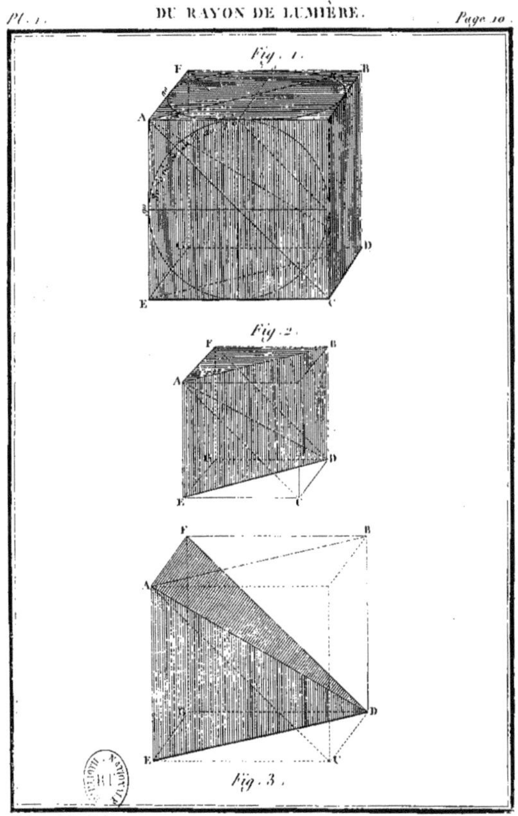

Fig . 1 .
Fig . 2 .
Fig . 3 .

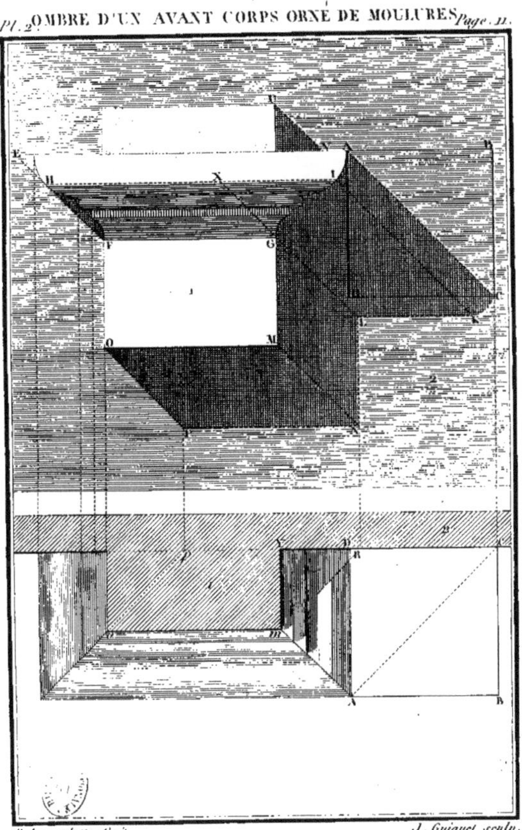

2.

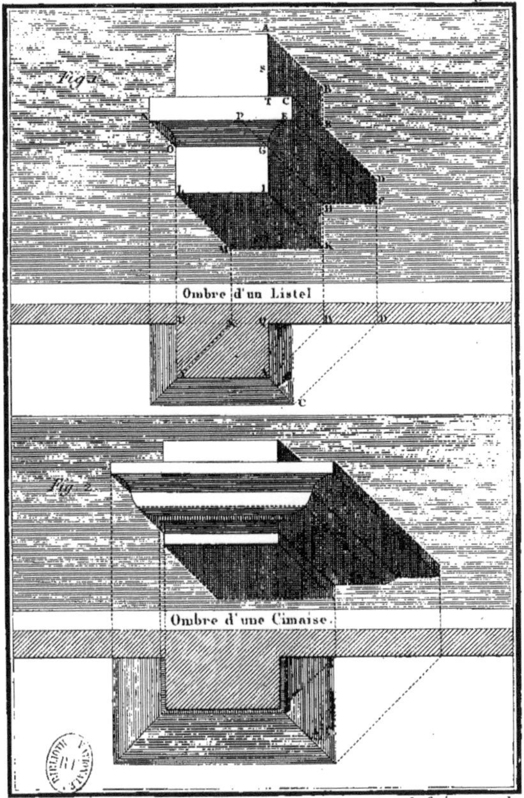

Delagardette fecit.

J. Guiguet sculp.

3.

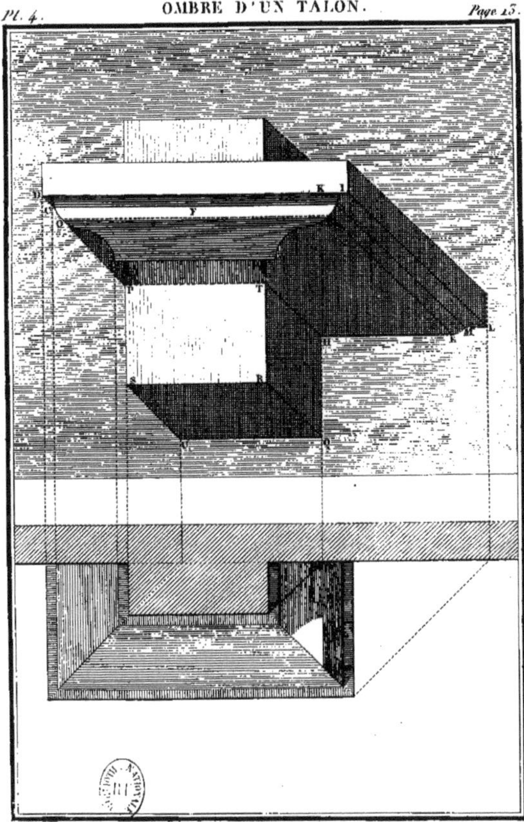

Delagardette, fecit J. Guiguet sculp.

4.

Ombre d'un Mur sur des Retraites, et de ces Retraites sur un Mur.

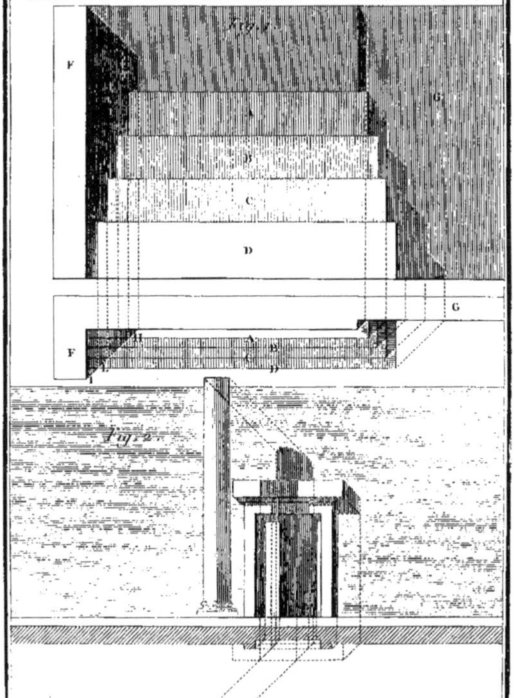

Ombre d'une Colonne sur une Croisée.

Delagardette fecit. J. Guiguet sculp.

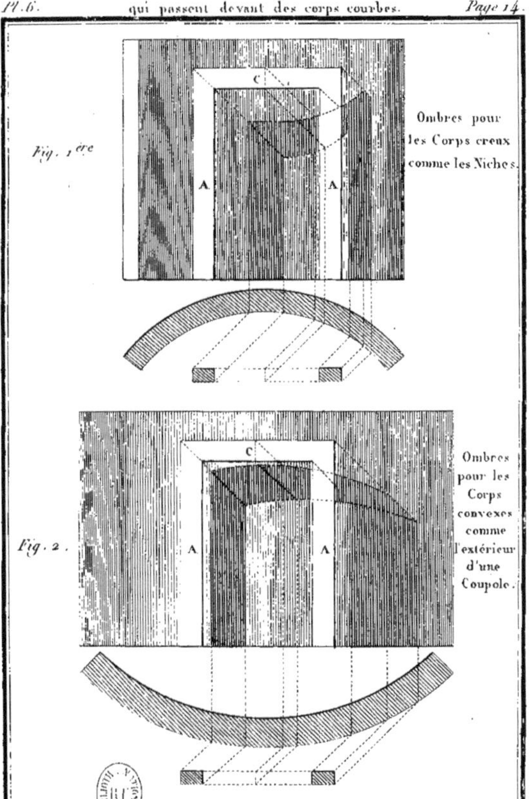

Delagardette fecit.   J. Guignet sculp.
6.

Fig. 1.
Ombre des Intérieurs ou
des Niches quarées.
A
F
E   C
A   B
A
Fig. 2.
Ombre des Intérieurs ou
des Niches circulaires.
A D
F
E   C
H   B
D
F
A   O
Fig. 3.
Ombre des Voutes en berceau.
A
D
B
A
H
B
O

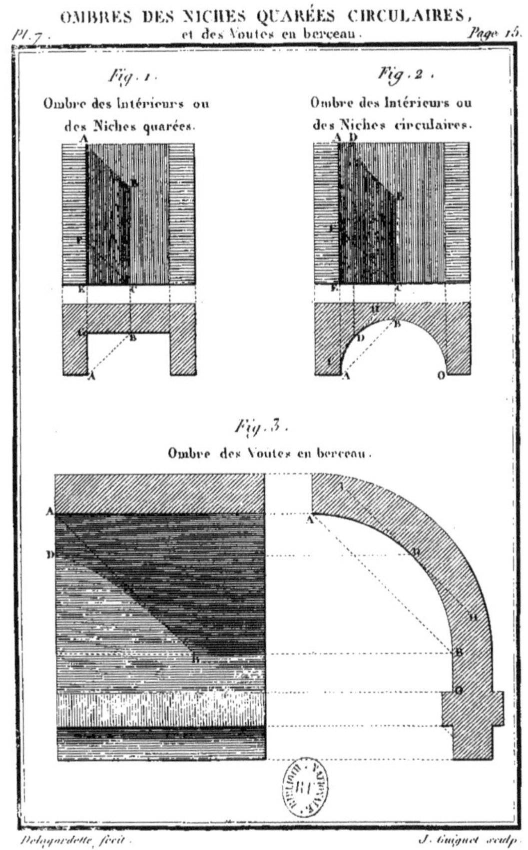

7.

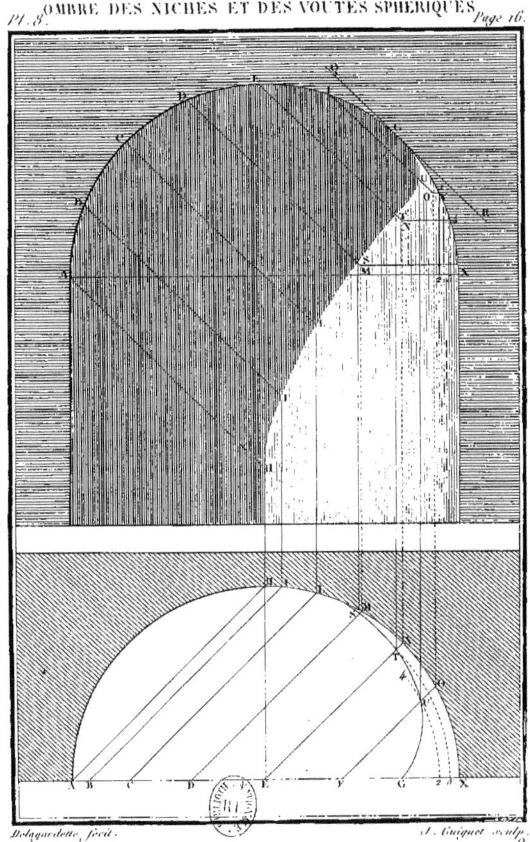

Delagardette fecit.

J. Guiguet sculp.

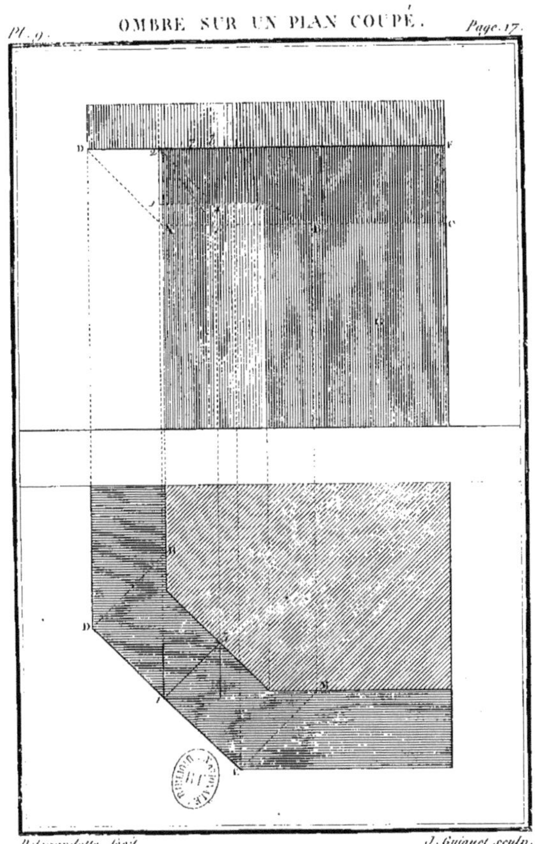

9.

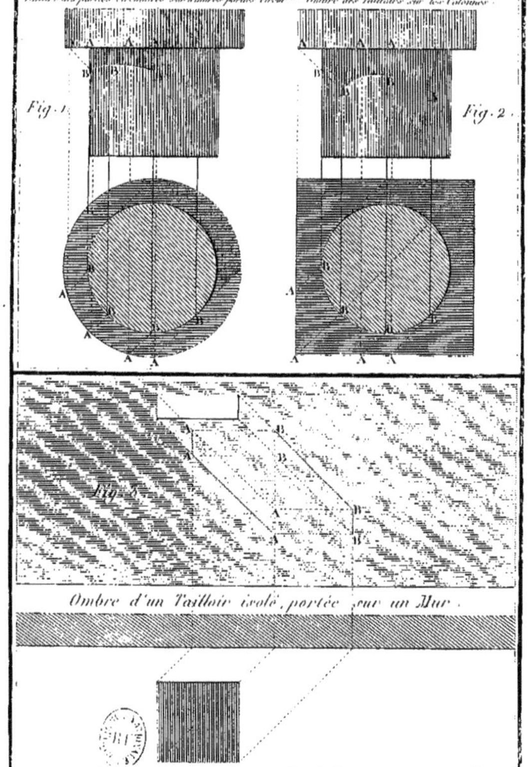
Ombre des parties circulaires sur d'autres parties circul.res   Ombre des Tailloirs sur les Colonnes.
Fig. 1.
Fig. 2.
Fig. 3.
Ombre d'un Tailloir isolé, portée sur un Mur.

PRINCIPE POUR LES CHAPITEAUX.

Delagardette fecit

J. Guiquet sculp.

11.

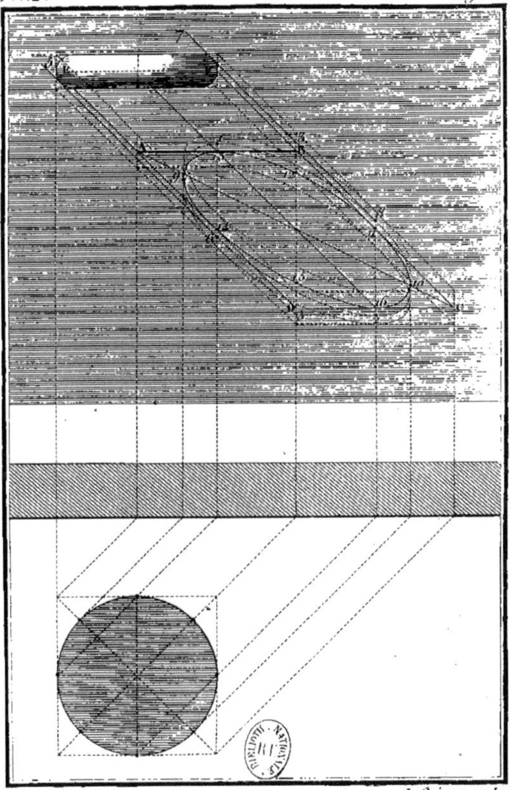

Delagardette fecit   J. Guiguet sculp.
                                                              12.

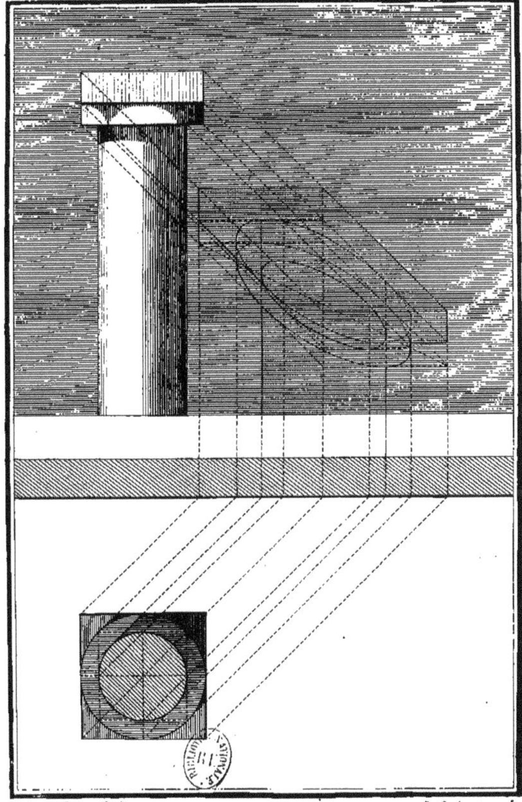

Delagardette fecit.   J. Guiguet sculp.

13.

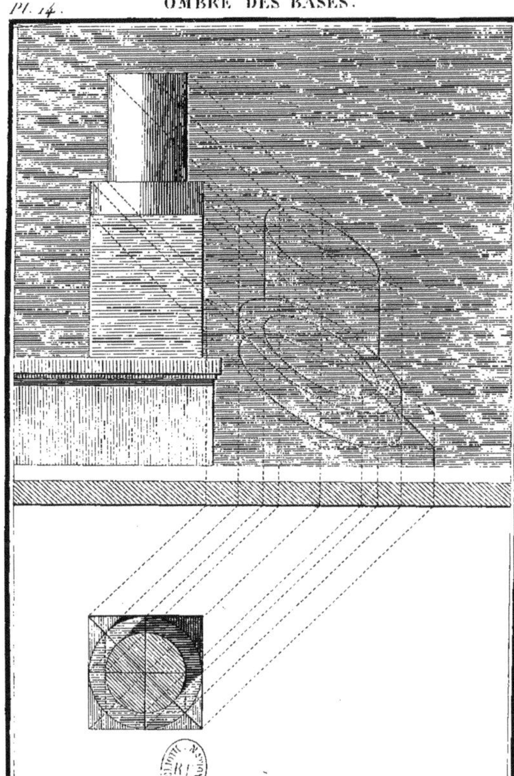

Delagardette fecit. J. Guiguet sculp.

14.

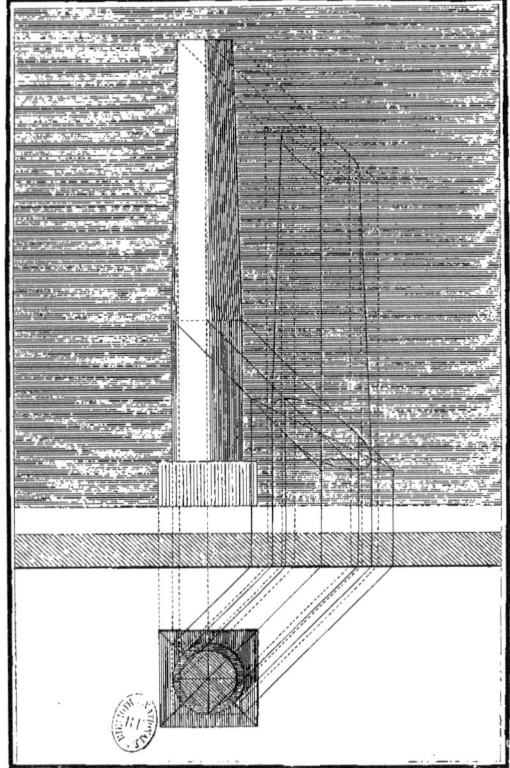

Delagardette fecit.   J. Guiguet sculp.

15

Delagardette, fecit.

J. Guiquet sculp.

16.

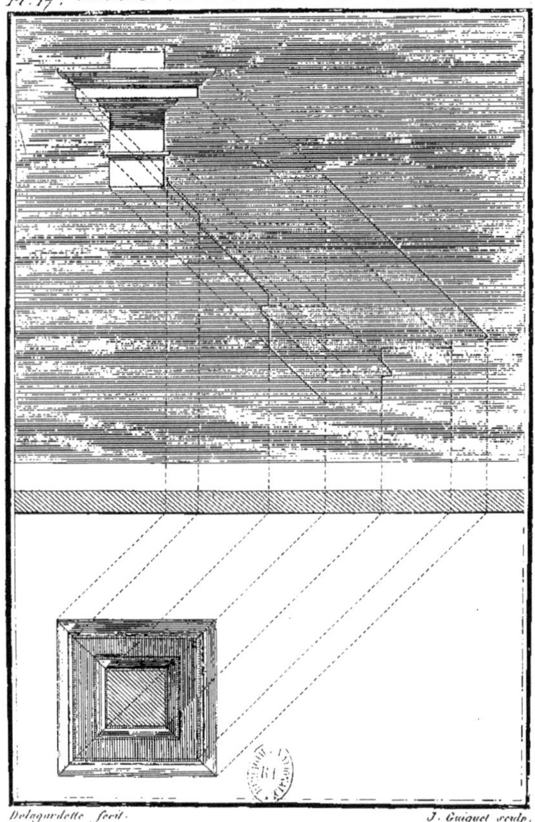

Delagardette fecit.

J. Guiguet sculp.

17.

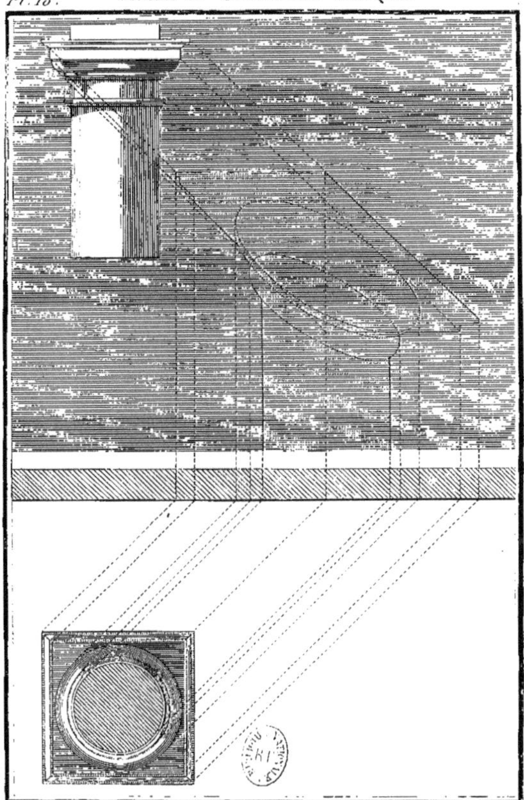

Delagardette fecit.   J. Guiguet sculp.

18.

Pl. 19.

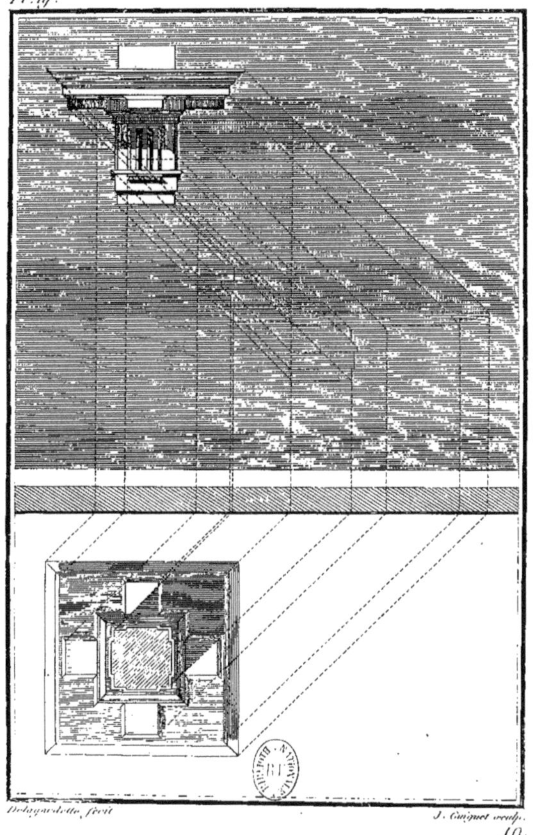

Delagardette fecit

J. Guiguet sculp.

19.

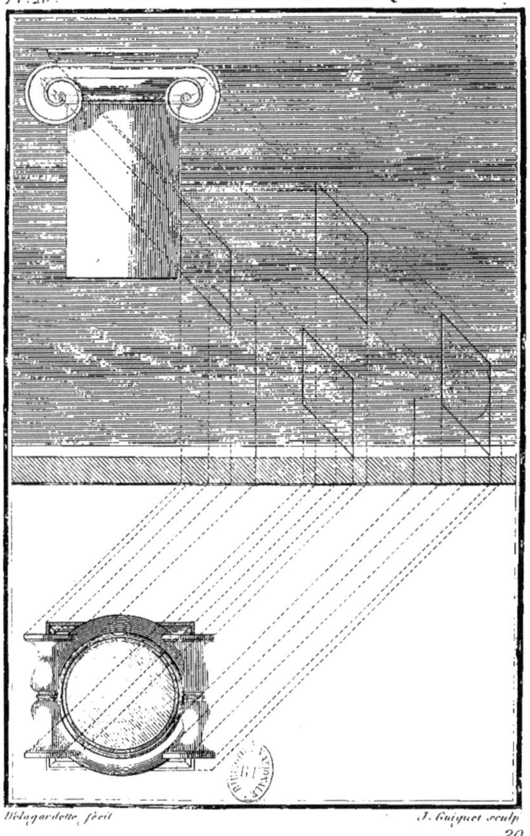

Delagardette fecit   J. Guiquet sculp

Pl. 21.

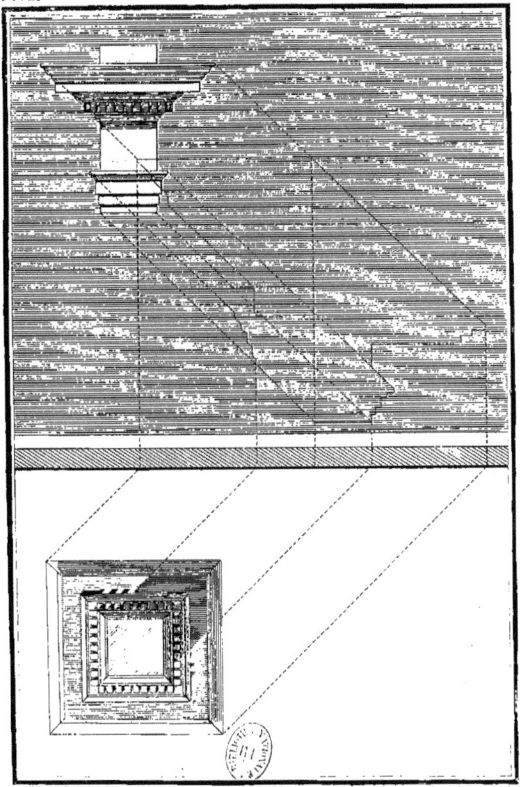

21.

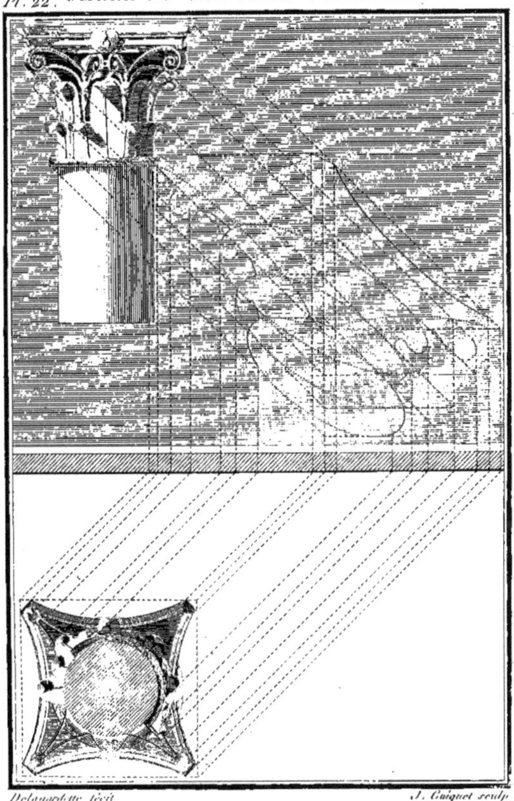

Delagardette fecit
J. Guignet sculp
22.

Delagardette fecit.

J. Guiguet sculp.

23.

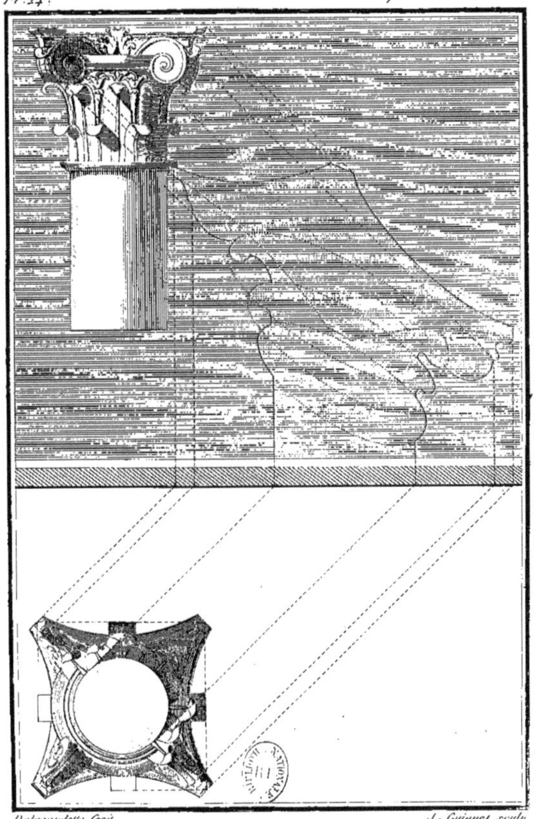

Delagardette fecit

J. Guignet sculp.

Pl.25.

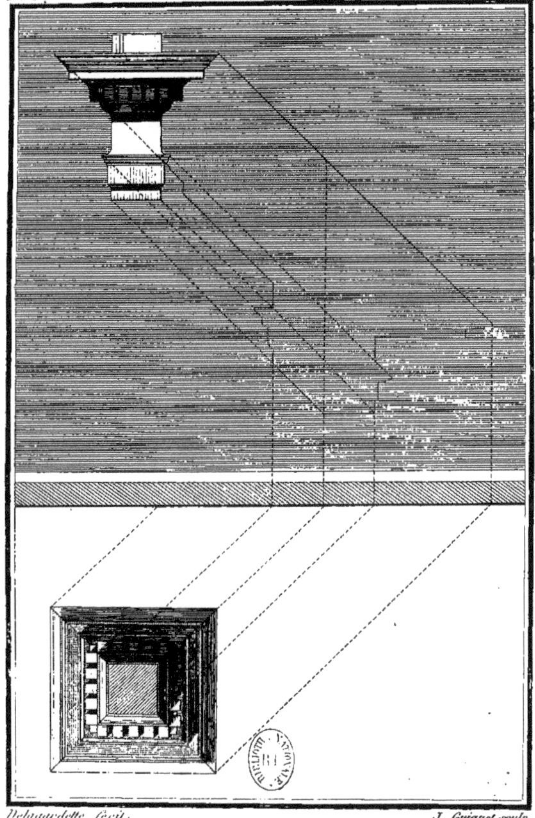